发现身边的科学

FAXIAN SHENBIAN DE KEXUE

雷声轰隆隆

王轶美　主编

贺杨　陈晓东　著　上电一中华“华光之翼”漫画工作室　绘

中国纺织出版社有限公司

咚咚：“这雷声可真响！”

妈妈：“是的，前几日是惊蛰，现在开始打雷了。”

咚咚：“惊蛰是什么？”

妈妈：“惊蛰是我国传统二十四节气之一，老话说，春雷惊百虫，到了这个季节，蛇和昆虫就开始活动了。”

惊蛰

惊蛰蛰气，是二十四节气中的第三个节气。惊蛰时节，气温回升，雨水增多，农家无闲。农家有谚语“到了惊蛰节，锄头不停歇”。这时候，农户就进入了春耕大忙的时节。惊蛰还有一个显著特征就是：中国长江中下游地区开始出现春雷。这是由于南方暖湿气团开始活跃，气温回升较快，雷雨等强对流天气开始频繁。

二十四节气

二十四节气反映的是中国特有的时间、物候变化规律，它起源于上古时代，却扎根于老百姓的日常生活中。“清明时节雨纷纷”反映的就是清明节气前后的天气状况，北方冬至时节吃饺子也是一种和节气相关的民俗现象。二十四节气是古代中国人民的智慧结晶，至今对人们的日常生活都有很大的指导意义。

测量二十四节气

最早，人们通过观察“斗转星移”来确定二十四节气，到了汉武帝时期，人们用圭表测量节气，也就是利用正午时分的日影长度来判定当时所处的节气。一年当中，冬至时节的日影最长，夏至时节的日影最短，其他时节的日影也呈现出规律的变化，这就是圭表测量二十四节气的原理。

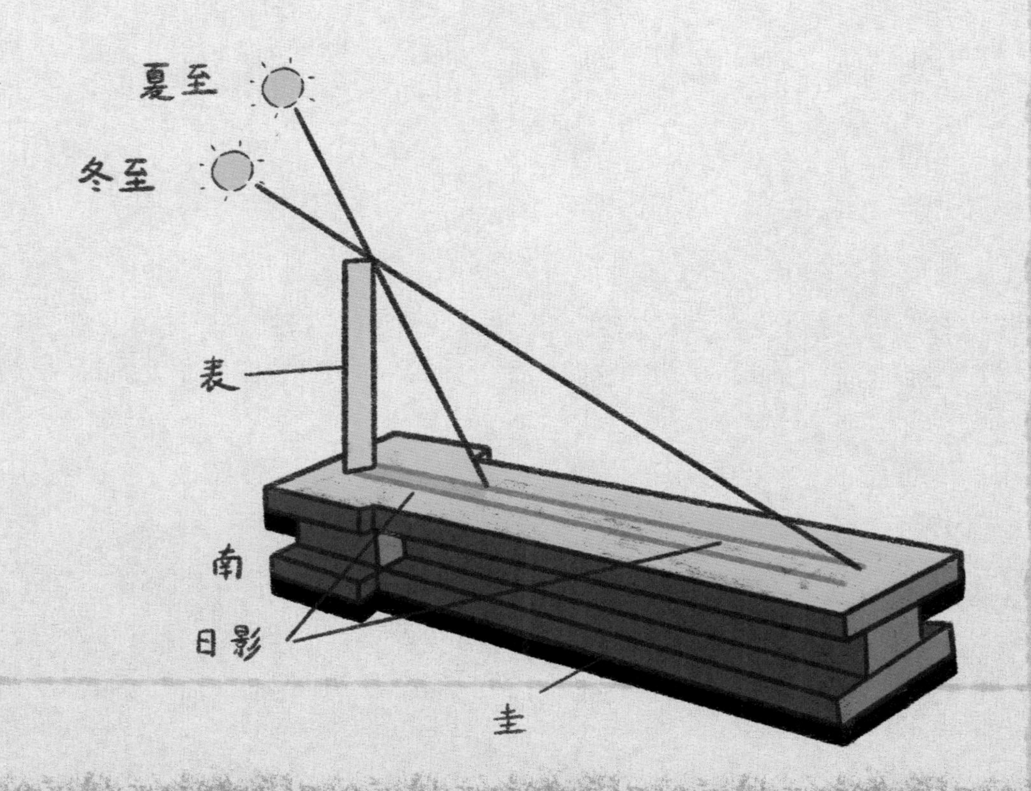

咚咚：“原来虫子也怕雷声啊！”

妈妈：“可不能这样简单地理解哦！不少昆虫的听觉并不发达，让它们‘惊醒’的，不是雷声，而是天气变暖。”

为什么惊蛰时节动物会“苏醒”？

一些哺乳动物和两栖动物为了适应气候变冷，会在冬天通过冬眠的方式来适应极端环境。等到天气回暖，也就是春天到来的时候，这些动物又会复苏，继续活动在大自然中了。还有一类是昆虫，它们可不能算是冬眠，在冬天到来时，它们会进入“休眠”和“滞育”期，等到天气变暖后，也就是惊蛰时节（公历3月份），这些昆虫也会加快生命进程，开始到大自然中活动，获取食物和进行繁殖，而昆虫的听觉对雷声并不敏感。

咚咚："原来是这样，雷声只是个幌子呀，可雷声是从哪来的呢？"

爸爸："你看，这是快递盒里的气泡袋，我们放在脚下踩一踩。"

"嘭"的一声，气泡袋被踩炸了。

咚咚："爸爸，你让我这么做和打雷有什么关系呢？"

爸爸："别急，我问你，刚才踩气泡袋，为什么会发出响声呢？"

咚咚："这个……是袋子被踩破了，所以发出响声。"

爸爸："为什么袋子破了就会发出响声呢？你看我用针戳一下袋子。"

爸爸用针戳破袋子，气泡袋只是漏气了，并没有发出声响。

咚咚："这又是为什么呢？"

空气的振动

N_2

我们虽然看不见空气，但空气却是由无数气体分子组成的，它们充斥在我们身边的空间里。当我们用扇子扇风时，空气就会被搅动，但似乎没有什么声音。但是，如果把扇子换成一只苍蝇，它的翅膀在高速地扇动着，同样，苍蝇翅膀周围的空气也被高速的振动带动着，这就产生了“嗡嗡”声，传到了我们的耳朵。

嗡~

声音小实验

1. 准备一些碎纸屑，放在桌面上；

2. 用手机播放音乐，调大音量，把扬声器的位置靠近纸屑；

3. 观察纸屑的状态。

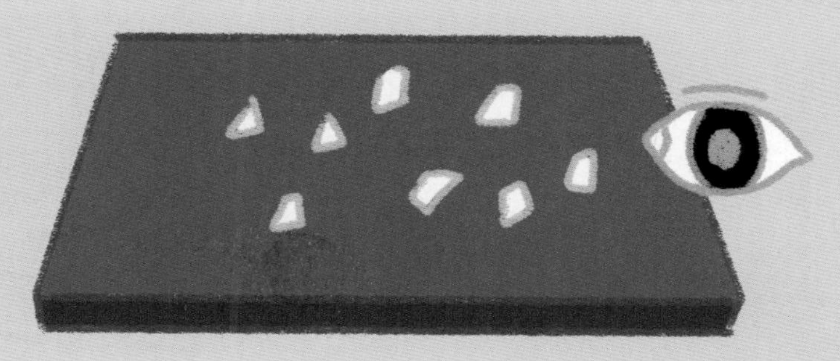

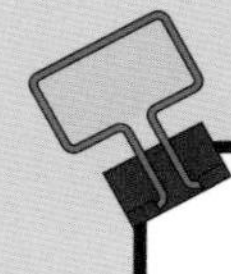

现象与原理：纸屑会发生微小的振动。这是由于手机扬声器振动使得周围的空气产生了疏密变化，有规律地振动，形成了声波，也带动了纸屑的振动。声波进一步传播到人的耳朵，人耳的听觉系统又将声波转化成神经信号，这样，我们就感觉到声音了。

爸爸：“来，跟我到厨房看一看。”

咚咚：“煤气灶也会发出‘啪啪’的响声！”

爸爸：“是的，煤气灶可以看成是一个雷电的模型，雷声其实是来自闪电。”

闪电的产生

闪电是一种常见的自然现象，一般发生在下雨的时候。我们已经知道，大自然中存在两种电荷：正电荷和负电荷。通常，积雨云的顶端能够产生正电荷，底端产生负电荷，但是空气却不是良好的导电体。当云层在大气中移动时，遇到大树、高层建筑时，云层上积压的电荷就会瞬间找到传导物，击穿空气，形成闪电。

为研究闪电而牺牲的科学家

我们都非常熟悉美国科学家富兰克林在雷雨天放风筝的实验，这个实验让富兰克林在全世界科学界名声大振。然而，在富兰克林之前，1753年夏天，俄国圣彼得堡科学院的一位德裔物理学家里奇曼正在开学术会议，他是从事电学研究的。当时的天气突然发生变化，开始电闪雷鸣，这时候的里奇曼连忙跑回家，原来，他的家中早就安装好了研究闪电的装置——一根长十几米的金属棒，金属棒的另一端连接了验电计

量器。里奇曼连忙观察计量器上的情况，然而正在他观察的时候，一声巨响，悲剧发生了。

闪电击中了里奇曼的头部，当场死亡，现场也一片狼藉。这是一次意外事故，但也体现了科学研究的道路是崎岖不平，甚至是危险的，我们也应该向这些科学先驱者致敬。

咚咚：“那闪电是怎样发出声音的呢？”

爸爸：“云层放电产生闪电，闪电带有很高的能量，它可以使空气瞬间膨胀发出巨响，就像刚才我们用力踩气泡袋一样，空气瞬间被挤压出来，瞬间膨胀的空气会以声波的形式把能量释放出去，我们就听到响声了。”

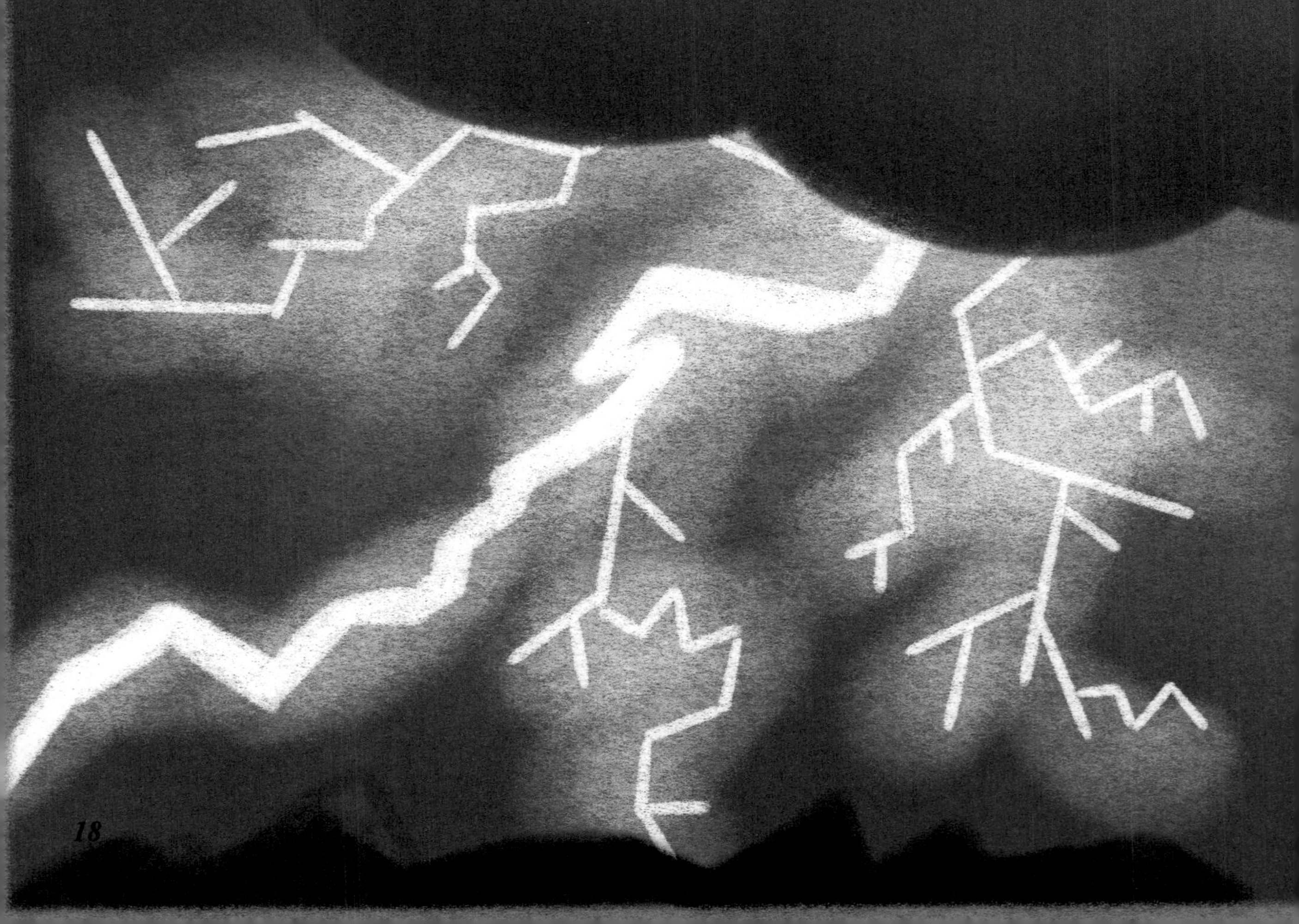

闪电与雷声

闪电与雷声是一对好伙伴，但是它们往往不同时出现。有过观察经验的小朋友，你会发现总是先看到闪电，再听到雷声。这是因为光在空气中传播的速度（约30万千米/秒）远远大于声音在空气中的传播速度（340米/秒）。闪电发生的时候，空气发生的振动自然就滞后了。

为什么雷声是轰隆隆、断断续续的呢？这是由于雷声会在云层、大地之间来来回回地发生反射，每一次反射进入到耳朵，就成了强弱不同、断断续续的雷声了。

只有一种情况下，雷声和闪电几乎是同步的，那就是闪电发生的位置就处在我们的附近，这种雷声会非常响亮和干脆。

拓展与实践

准备工具

减震气泡袋　　笔记本　　笔

用脚踩

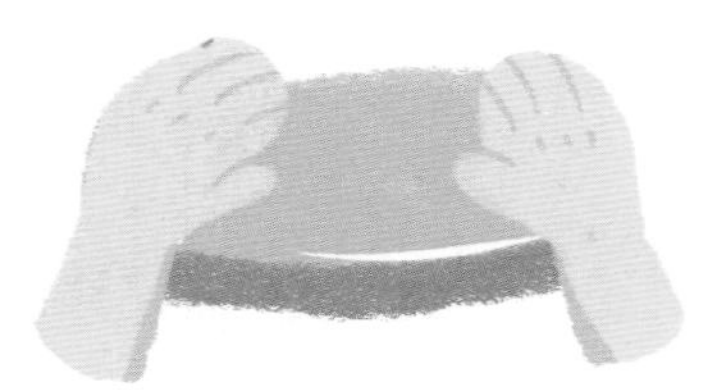

用手拍

绘图：查筱菲　王悦　余宛洳　潘晓燕　黄郁璇

扫一扫
观看实验视频

注意安全，请在家中观察和记录。

1. 收集快递盒里的减震气泡袋，尝试用气泡袋来演示声音爆破的现象；

2. 在雷雨天，尝试记录闪电与雷声之间的时间间隔，判断闪电发生的位置离我们远还是近。

图书在版编目（CIP）数据

发现身边的科学．雷声轰隆隆／王轶美主编；贺杨，陈晓东著；上电－中华“华光之翼”漫画工作室绘．--北京：中国纺织出版社有限公司，2021.6

ISBN 978-7-5180-8347-3

Ⅰ.①发… Ⅱ.①王… ②贺… ③陈… ④上… Ⅲ.①科学实验—少儿读物 Ⅳ.①N33-49

中国版本图书馆CIP数据核字（2021）第022978号

策划编辑：赵　天　　特约编辑：李　媛
责任校对：高　涵　　责任印制：储志伟　　封面设计：张　坤

中国纺织出版社有限公司出版发行
地址：北京市朝阳区百子湾东里A407号楼　邮政编码：100124
销售电话：010—67004422　传真：010—87155801
http://www.c-textilep.com
中国纺织出版社天猫旗舰店
官方微博 http://weibo.com/2119887771
北京通天印刷有限责任公司印刷　各地新华书店经销
2021年6月第1版第1次印刷
开本：710×1000　1/12　印张：24
字数：80千字　定价：168.00元（全12册）